COMICE AGRICOLE
DE SEINE-ET-MARNE.

RAPPORT

FAIT

AU COMICE

SUR LES

AMÉLIORATIONS AGRICOLES.

1839.

RAPPORT

FAIT

au Comice agricole

DE SEINE-ET-MARNE,

PAR

MM. Paul DE SÉGUR (le Comte) à la Rivière.
JOZON, de Cramayel.
TAVEAU, de Solers.
DUTFOY, d'Egrenay,
DESCHESNE, de Vërnouillet.

Membres dudit Comice,

Désignés par la Commission permanente à l'effet d'inspecter les établissemens agricoles dont les cultivateurs auraient reclamé la visite, et lui faire un rapport qui lui donne les moyens de porter son jugement sur celui des exploitans qui aura présenté le plus grand nombre d'améliorations agricoles de tout genre, et mérité en conséquence la Médaille d'or fondée en l'honneur de celui des agriculteurs qui, en préparant et améliorant mieux le sol qu'il cultive, aura, par le mérite de ses innovations, le plus contribué aux progrès de l'industrie rurale.

MELUN. — IMPRIMERIE DE DESRUES.

1839.

RAPPORT.

Messieurs,

Les Commissaires délégués par vous lors de votre réunion préparatoire qui a eu lieu à Rouvray le 16 décembre dernier, se sont occupés de remplir la mission dont vous les aviez chargés. Ils ont regretté que l'époque rapprochée et fixée pour les Concours ne leur ait pas permis de satisfaire au désir exprimé par les exploitans de retarder les visites jusqu'au moment où la végétation plus avancée permettrait de mieux juger leurs différentes cultures.

M. Prévost, Secrétaire du Comice, a fait connaître à M. Deschesne, de Vernouillet, l'un d'eux, les noms de nos collègues, au nombre de huit seulement, qui désiraient que leurs établissemens agricoles fussent visités. Ce sont Messieurs,

1° DUTFOY, d'Egrenay.
2° JOZON, de Cramayel.
3° DUCLOS, Maître de poste de Lieusaint.
4° AUBERGÉ (Prosper), à Cramayel.
5° CHERTEMPS, de Rouvray.
6° GUILLOTEAU, Maître de poste de Mormant.
7° CHRÉTIEN, de Lady.
8° FROC fils, de Berceaux.

Dès notre première réunion, MM. Dutfoy, d'Egrenay, et Jozon, de Cramayel, ont déclaré qu'en témoignant le désir que leur établissement fût visité, ils avaient compris que la qualité de Commissaire qu'ils avaient acceptée, ne leur permettait pas de concourir pour le prix à décerner.

Rendant hommage à leurs sentimens de convenance et de délicatesse, nous avons dû nous faire la loi de procéder avec non moins de soin et d'attention à la visite de leurs établissemens, connus déjà si avantageusement, et vous signaler tout ce que nous y remarquerions de plus intéressant.

1° Ferme d'Egrenay.

L'exploitation de M. DUTFOY se compose d'environ 1100 arpens de terre et prés.

Les bâtimens de la ferme, les jardins et accessoires sont tenus dans un état parfait d'entretien, d'ordre et de propreté.

30 Chevaux biens choisis et en bon état de service;
30 Vaches *produites pour la plupart* d'un croisement, opéré avec succès par M. Dutfoy, de bonnes vaches flamandes avec un taureau de la belle race suisse Schwitz ;
1100 Bêtes à laine en bon état, issues de béliers de Rambouillet;
Un bon nombre de cochons de race anglaise;
Une série d'excellens instrumens aratoires perfectionnés et de voitures et harnais bien confectionnés;
Une machine à battre, du mécanicien *Loriot,* fonctionnant bien, mais susceptible de quelques perfectionnemens, que M. Dutfoy se propose de faire faire dans les engrenages, composent le beau matériel de cette importante exploitation.

Au dehors, nous avons parcouru des terres en excellent état de culture, sur lesquelles nous avons vu successivement des plantes sarclées, semées en rayons, à l'aide du semoir *Hugues,* telles que 15 arpens de pommes de terre et betteraves, en partie déjà binées, 30 arpens de très-belles fèves et pois; 7 arpens et demi de lin, des colzas, de bonnes prairies artificielles, telles que luzernes, trèfles et minettes.

Les céréales ont une belle apparence; des blés semés aussi avec le semoir *Hugues* sont bien plantés et propres.

Les avoines, également bien garnies dans les raies comme sur le faîte des sillons, témoignent de l'énergie, de la fréquence et de l'à-propos des hersages donnés dans les terres humides. L'assolement est de quatre ans; dans les terres saines il est libre, mais sans jachère.

Vingt arpens de prés semés par M. Dutfoy, dont 10 sont plantés en quinconce d'arbres à fruits bien venans, largement espacés, sont en plein rapport.

De longues tranchées couvertes, des noues et des fossés dont la longueur et la profondeur ont été réglées de manière à assurer en tous tems l'écoulement des eaux, ont assaini toutes les terres humides d'Egrenay.

Les chemins aboutissant de la ferme aux terres

ont été créés, arrangés et pierrés pour la plupart par M. Dutfoy et à ses frais: les eaux n'y peuvent plus séjourner, elles s'écoulent dans des fossés sur le bord desquels M. Dutfoy a fait de superbes et nombreuses plantations. Le pourtour de toutes les marres est également planté.

L'état satisfaisant de cette importante exploitation dans tout son ensemble, justifie de plus en plus la distinction flatteuse donnée à M. Dutfoy, décoré de la Croix d'honneur, pour avoir, par une noble et salutaire influence, contribué puissamment aux progrès de l'art agricole.

2° Ferme de Lieusaint.

L'exploitation de M. DUCLOS se compose d'environ 800 arpens. Dans ce nombre, 275 arpens environ forment les dépendances de la petite ferme de *Vernouillet*, connue dans le pays pour la situation défavorable et la mauvaise qualité de ses terres; et, en effet, nous avons constaté par l'inspection des nombreux fossés ouverts par M. Duclos, que la couche de terre végétale n'excédait pas 4 ou 5 pouces d'épaisseur et reposait sur un tuf qui ne permettait pas l'infiltration des eaux; elles y devaient séjourner avant que M. Duclos entreprît de leur procurer un écoulement régulier.

Nous avons parcouru toutes les terres de la ferme de Vernouillet, nous avons vu que, sises sur un sol tout-à-fait plat, elles étaient traversées de distance en distance, dans la largeur des pièces, par des noues multipliées qui, sans interrompre la marche de la charrue, leur avaient donné des pentes artificielles au moyen desquelles l'eau s'écoulait de ces noues dans les fossés auxquels elles aboutissaient, et continuait son cours sur un lit souvent creusé profondément et à grands frais dans un tuf très-dur.

Sur ces terres ainsi assainies et très-bien cultivées, nous avons trouvé des blés, des avoines, des luzernes d'une fort belle apparence. M. Duclos est parvenu, après avoir fait passer toutes ces terres en luzerne, et les y avoir maintenues un peu plus long-temps qu'ailleurs, à approfondir ses labours jusqu'à 6 et 7 pouces. Nous avons observé qu'au moyen des hersages énergiques et répétés fréquemment, les avoines de M. Duclos étaient bonnes et aussi bien garnies dans les raies que sur le faîte des sillons.

L'établissement de M. Duclos, à Lieusaint, est parfaitement disposé et dirigé; nous avons remarqué une écurie nouvellement construite par lui, dans laquelle tout est prévu pour la salubrité et pour la facilité du service; elle est occupée par 80 chevaux très-bien choisis et soignés. Ces animaux, réunis à ceux placés momentanément dans les anciennes écuries, complètent le nombre de cent et quelques chevaux nécessaires pour le service de la poste et de la culture de M. Duclos.

Une étable vaste, aérée et très-propre, contient 26 belles vaches régulièrement pansées.

M. Duclos a adopté pour sa culture la charrue *Pluchet* perfectionnée, avec oreille en fonte; il l'a rendue assez légère pour qu'à toutes façons deux chevaux suffisent à opérer un labour profond. Nous avons vu fonctionner une machine à battre, établie par M. Duclos; sur les trois machines à battre qui ont été soumises à notre examen, l'une chez M. Dutfoy, à Egrenay, l'autre chez M. Guilloteau, à Malassise, près Mormant, c'est elle qui fonctionne le mieux et qui exige le moins de force, deux chevaux d'une taille moyenne la faisant mouvoir aisément.

M. Duclos poursuit en ce moment des travaux assez importans: 1° pour la construction d'un grand hangar destiné à la conservation de ses récoltes; 2° pour l'assainissement de ses cours, au moyen de tranchées couvertes qui recevront toutes les eaux et les conduiront sur un point où il compte les utiliser.

L'assainissement des terres de Vernouillet, obtenu par les soins habiles de M. Duclos et par une grande persévérance, a exigé d'assez grands sacrifices pécuniaires : une longue suite de fossés creusés dans le tuf et établis à ses frais lui ont coûté de 1 fr. à 1 fr. 25 c. la toise courante.

L'enseignement remarquable et éminemment utile donné par M. Duclos, pour l'assainissement complet des terres plates et sans égout, et le développement extraordinaire de leur produit, nous a paru du plus grand intérêt, surtout dans un pays comme la Brie. Nous avons dû appeler toute l'attention de la Commission sur l'importance du service rendu à cet égard par M. Duclos, de Lieusaint; nous ajouterons que, par suite de ces travaux et de l'amélioration des terres de la petite ferme de Vernouillet, le loyer annuel des 275 arpens dont elle se compose, qui, il y a quarante ans, ne s'élevait pas au-delà de 600 fr., est porté aujourd'hui à la somme de 6,000 francs, que paye M. Duclos.

3° Ferme de Cramayel.

(M. JOZON.)

L'exploitation de M. JOZON se compose de 370 arpens; les bâtimens font partie des communs et basse-cours de l'ancien château de Cramayel; ils sont très-bien tenus. M. JOZON, qui est bon éleveur et connaisseur en chevaux et en races, a disposé dans son avant-cour une pâture qu'il a fait clore pour y tenir en liberté quelques poulains; il élève ces jeunes animaux avec succès, et ils sont habituellement primés dans les concours de bestiaux du département. Deux pouliches surtout ont fixé notre attention, ainsi que 2 jumens grises percheronnes, de la plus belle conformation, nouvellement achetées et choisies dans le pays même par M. JOZON, pour en tirer race.

Les terres de M. JOZON nous ont paru dans un état de culture très-satisfaisant; elles sont ensemencées, tant en blés d'hiver, que seigle, escourgeon à récolter en grain, avoine d'hiver, avoine de printems, vesces d'hiver, luzernes, trèfle, minette, pommes de terre, carottes, betteraves; en telle sorte que, sur les 370 arpens dont se compose la culture de M. JOZON, il n'y a que 14 arpens et demi qui ne soient pas couverts et restent en jachères nues.

M. JOZON a eu l'heureuse idée de semer sur une même pièce de terre divisée en quatre parties égales, dont la qualité se suit bien, et qui ont été traitées de même pour la culture et l'engrais, quatre différentes espèces de blé, savoir :

1° Blé de Bergues;

2° Blé de Crépy;

3° Blé de Saumur;
4° Blé blanc anglais, à court grain.

Dans l'état actuel de ces emblavures, le blé n° 2, de Crépy, nous a paru inférieur aux trois autres.

Vient ensuite le blé n° 1, de Bergues.

Le blé de Saumur, n° 3, est sans contredit le meilleur des quatre espèces.

Le blé blanc anglais à court grain, n° 4, est à peu près aussi bon que celui de Saumur.

M. Jozon se propose de suivre avec soin et jusques et compris le battage, l'épreuve à laquelle il soumet ces quatre espèces de blé, traitées dans des conditions en tous points égales. Faciliter ainsi la comparaison exacte du mérite des différentes espèces de blé, c'est rendre un service très-réel, dont il faut savoir le plus grand gré à M. Jozon.

4° Ferme de Cramayel.

(**M. AUBERGÉ, Prosper.**)

Nous avons visité l'établissement exploité par M. AUBERGÉ (Prosper). Un sentiment de modestie l'a empêché de nous proposer d'aller parcourir ses terres, mais le bon état de leur culture et des emblavures, dont nous avons pu voir une partie en visitant celles de M. Jozon, qui y sont contigues, nous a été certifié par lui qui est son très-proche voisin.

L'écurie, la vacherie, la bergerie sont garnies de très-beaux et nombreux animaux en bon état, bien tenus et bien soignés. M. Aubergé ne recule devant aucun sacrifice pour améliorer les races de bestiaux.

Cet établissement, faisant également partie des dépendances de l'ancien château de Cramayel, est très-beau, bien tenu et dirigé avec un ordre admirable; il est si convenablement placé, que nous exprimons unanimement le vœu qu'il convienne à M. Aubergé, Prosper, de faire l'offre d'y réunir un des prochains concours de notre Comice agricole, et nous n'hésitons pas à proclamer à l'avance que ce lieu de réunion offrira le plus vif intérêt.

5° Ferme de Rouvray.

L'exploitation de M. CHERTEMPS, de Rouvray, se compose d'environ 620 arpens dont la qualité est généralement bonne. Ces terres étaient divisées en deux fermes que M. Chertemps a réunies : les bâtimens de chacune d'elles, étant séparés, ne forment donc pas un ensemble complet, mais M. Chertemps en a fait un établissement très-convenable, par des dispositions bien entendues, consenties avec Mad[e] la comtesse de Grabouska, propriétaire, qui, à si juste titre, lui accorde toute sa confiance.

Nous avons remarqué une écurie très-vaste, très-belle, dans laquelle tout a été prévu pour l'avantage et la santé des chevaux; elle renferme très-largement espacés dix-huit chevaux de trait, qui sont tous d'un très-bon choix et en bon état de service.

La vacherie est bonne et bien tenue, elle se compose de 26 bêtes.

1,060 Bêtes à laine, de la précieuse race mérinos, forment le troupeau; nous avons remarqué 260 agneaux très-forts et bien portans.

Nous avons parcouru les terres de la culture de M. Chertemps, nous y avons vu une grande pièce de luzerne d'une beauté remarquable, de bons blés bien verts: les avoines sont peu avancées.

Les nombreuses plantations exécutées par M. Chertemps, tant en peupliers que poiriers et pommiers, sont dans un état parfait d'entretien et de soins. Cinq arpens de terrain, qui ont été anciennement fouillés pour en extraire la marne, ont été par lui plantés avec intelligence et économie, dans l'intérêt de la propriétaire, et sont aujourd'hui en pleine valeur.

M. Chertemps a effectué des améliorations non moins importantes pour la propriété, en pratiquant à ses frais des chemins bien pierrés; déjà il avait rendu viable une longueur de 2,300 mètres de terrain, lorsque le Conseil général du département a voté les fonds nécessaires pour ouvrir dans cette direction la nouvelle et utile route de grande communication de Rozoy à Melun.

6° Ferme de Malassise.

La ferme de Malassise fait partie de la ferme de Bressois, près Mormant.

Elle se compose d'environ . . . 420 arp. de terre,
auxquels M. Guilloteau a réuni
divers lots, ensemble de. 155
Total de l'exploitation de ———
M. Guilloteau . . . . 575 arpens.

La culture de cette ferme se divise en blés d'hiver, seigle, avoine d'hiver, avoine de printems, orge, 10 arpens de colza, 15 arpens de vesces de printems, 2 arpens de pois verts, 4 arpens de feverolles, 2 arpens de carottes, 5 arpens et demi de betteraves, 8 arpens et demi de pommes de terre, 88 arpens de luzernes, 20 arpens de trèfle et 34 arpens seulement en jachères nues.

Il est reconnu dans le pays qu'avant l'occupation de cette ferme par M. Guilloteau, les terres avaient été mal tenues et mal cultivées; les soins intelligens et les engrais appropriés que donne aujourd'hui M. Guilloteau à ses terres, ont déjà puissamment contribué à l'augmentation des récoltes.

Nous avons vu de bonnes luzernes, de bons blés. Lorsqu'elles auront reçu toutes les améliorations dont l'homme zélé qui les cultive les aura jugé suceptibles, la ferme et les terres de Malassise pourront figurer au nombre des plus belles cultures de ce canton.

La tenue de la ferme est très-convenable, les bestiaux y sont beaux et bons, tous les harnais et équipages sont de bons modèles et bien confectionnés.

M. Guilloteau a fait établir une machine à battre que nous avons vu fonctionner; le mécanisme a déjà subi quelques changemens qui l'ont amélioré sensiblement.

7° Ferme de Lady.

M. CHRÉTIEN exploite depuis environ 30 ans la ferme de Lady. Elle se compose d'environ 625 arpens de terre, dont la qualité, généralement inférieure à celles des territoires environnans, a été sensiblement améliorée par les prairies artificielles qu'il y a multipliées, et par les engrais dûs aux nombreux animaux qui peuplent cette ferme.

Aussi, avons-nous vu chez M. Chrétien, qui nous a conduit sur toutes ses emblavures, des blés de belle apparence et bien nets, des avoines bonnes, bien égales et bien garnies partout; il est vrai de dire qu'elles sont bien hersées, beaucoup mieux même qu'elles ne le sont généralement dans les environs.

Nous avons remarqué de très-bonnes prairies artificielles, des luzernes et notamment des trèfles unis à la minette, mélange bien combiné, qui garnit le pied du trèfle ordinairement très-peu feuillé, et rend le fourrage plus abondant et plus sain.

Nous avons reconnu qu'autour de la ferme, M. Chrétien avait multiplié les pâturages, qu'il les avait fait clore par des haies sèches solidement établies et en avant desquelles il avait pratiqué des fossés pour en défendre l'approche aux poulains qu'il y tient en liberté. Ces fossés sont un moyen sûr de prévenir les accidens qui résultent fréquemment de la velleité qu'ont les poulains de franchir les clôtures. Cette disposition des fossés rend le saut presqu'impossible, puisqu'en s'approchant des haies, ils ont les pieds de devant dans le fossé, et sont ainsi dans la position la plus défavorable pour franchir un espace.

L'intérieur de la ferme et les jardins qui y tiennent sont très-bien disposés et soignés.

Les attelages de M. Chrétien se composent de jumens percheronnes bien choisies et toutes de poil gris-blanc; un superbe étalon sert à la reproduction de l'espèce. C'est rendre hommage à la vérité en disant que chez cet éleveur intelligent et expérimenté, nous avons trouvé une quarantaine de bêtes chevalines, tant jumens qu'étalon, poulains et pouliches de différens âges, tous bien tenus et en très-bon état. Les primes nombreuses accordées successivement dans nos concours aux élèves de M. Chrétien, témoignent de son habileté et de ses connaissances dans le croisement des races.

36 Vaches garnissent une bonne étable; les soins que Mad[e] Chrétien elle-même donne avec une rare intelligence à ces animaux, méritent d'être signalés.

M. Chrétien conserve et multiplie une très-bonne race de cochons anglais.

L'exploitation générale de M. Chrétien, tant au dehors qu'au dedans, dénote, dant tout son ensemble, qu'elle est dirigée par un homme habile, persévérant et tout occupé du succès et de la prospérité de son établissement. Nous devons ajouter qu'il est très-puissamment secondé par Mad[e] Garreau, propriétaire, qui coopère, avec un empressement tout-à-fait généreux, à toutes les dépenses dont l'utilité lui est démontrée.

8° Ferme de Berceaux.

Nous avons terminé nos visites par la ferme de Berceaux (2 lieues de Melun), exploitée par M. FROC fils.

Les terres dont cette ferme se compose, au nombre d'environ 450 arpens, sont traversées par la grande route de Melun à Montereau, à droite et à gauche de laquelle le sol devient bientôt très-accidenté. Il y a peu d'années, on y remarquait, et en très-grand nombre, des blocs épars de gros grès qui s'opposaient au passage de la charrue; ces terres restaient incultes, M. Froc fils a entrepris de les utiliser.

A force de travaux, de persévérance et de sacrifices pécuniaires, il est parvenu à rendre cultivables et à cultiver réellement 55 arpens de terre jusqu'alors en friche. Ce résultat mérite de justes éloges à M. Froc fils, qui a eu l'idée et le courage d'entreprendre cette tâche difficile, et la force de vouloir nécessaire pour la terminer. Il convient de dire encore qu'une part d'éloges est dûe aussi au propriétaire de la ferme (M. le Marquis de Praslin), qui, par sa constante bienveillance pour ses fermiers, et en particulier pour M. Froc, auquel il a inspiré une juste confiance, l'a encouragé à entreprendre ces travaux importans, rarement essayés même par les propriétaires.

Nous avons visité avec soin les cultures variées de M. Froc, nous avons parcouru des champs de betteraves, de pois, de fèves, de carottes, de pommes de terre, d'avoine-patate, de madia sativa (plante oléagineuse peu multipliée), 6 arpens de colza, 3 arpens de lin; toutes ces plantes sont bien tenues, bien cultivées et bien venantes, quoique dans des terrains d'une qualité très-médiocre.

Dans une partie de terrain en côte, nouvellement déblayée des grès qui la couvraient, nous avons vu plusieurs longues fosses garnies de griffes d'asperges qui, avec les soins que leur donne M. Froc, promettent un produit abondant et avantageux. Les emblavures de M. Froc ont en général belle apparence, ses blés sont propres, ses avoines bien hersées et bien garnies; nous avons remarqué une grande pièce de luzerne superbe et supérieure encore à toutes celles que nous avions vues jusqu'à présent, et une très-bonne pièce de trèfle avec mélange de minette.

Tous les bâtimens de la ferme sont très-bien disposés et dans un état parfait d'entretien et de conservation. Les écuries contiennent 14 chevaux bien choisis et formant d'excellens attelages; la vacherie se compose de 34 vaches superbes et de forte taille, quelques-unes sont de race suisse, ainsi qu'un magnifique taureau, les autres vaches sont de belle race cotentine et très-bien choisies, ainsi que quelques bonnes génisses d'élèves. Cette vacherie nous a paru supérieure à toutes celles que nous avons examinées dans les différens établissemens par nous visités.

La laiterie est belle, très-convenablement disposée et d'une propreté recherchée; une pompe bien établie y fournit l'eau en abondance.

La proximité de Melun (2lieues) a permis à M. Froc d'envoyer tous les matins le lait de ses vaches, il le fait porter à domicile dans des bouteilles cachetées et marquées au nom des consommateurs habituels; il expédie en même-temps du beurre de choix pour la table, divisé en très-petits pains. L'intelligence et l'activité de M. et Madame Froc ont su mettre à profit l'avantage de la position de leur ferme.

M. Froc possède un troupeau de 775 bêtes d'une bonne race mérinos, et 200 agneaux beaux et bien portans.

La cour de la ferme est admirablement rangée, le fumier y est placé par couches; au milieu est une citerne fermée qui en reçoit et contient les jus, une pompe les reporte sur ces fumiers aussi souvent qu'il est nécessaire de les arroser.

Une guérite placée sur une partie couverte de cette citerne, sert de *latrines obligées* pour tous les gens de la ferme, et permet de recueillir et d'utiliser ainsi ce très-puissant engrais.

Dans toutes ses parties, dans tous ses détails, l'exploitation de M. Froc fils nous a paru devoir être signalée au Comice, comme réunissant un très-grand nombre d'améliorations agricoles de tout genre. Nous invoquons de plus à cet égard les souvenirs des membres de la Commission et du Comice, comme celui de toutes les personnes qui ont assisté aux Concours agricoles de 1838, à la ferme de Berceaux.

Nous ne clorons pas ce rapport sans dire que notre tournée s'est terminée par une réunion à Vernouillet, chez M. Deschesne, président de notre commission, et que nous avons remarqué dans sa petite exploitation des blés au moins aussi bons que les plus beaux que nous avons vus dans le cours de nos visites; ils sont verts, bien pleins et très-propres: il en est de même de ses avoines. Nous mentionnons avec plaisir 8 vaches et 6 jeunes taureaux, tous de la belle race anglaise de Durham et en très-bon état. Il serait à désirer que cette précieuse race anglaise, remarquable par la largeur de ses formes et la facilité avec laquelle elle prend le gras, se propageât, surtout dans les cantons de Nangis et de Provins où l'on fait de la viande. M. Deschesne a opéré avec succès un croisement de brebis berrichonnes avec des béliers anglais de Leicester : l'augmentation de la taille et surtout de la carrure des produits de ce croisement est considérable dès la première génération.

P. DE SÉGUR, JOZON, TAVEAU,
DUTFOY, DESCHESNE, *rapporteur.*

Le Comice agricole, après avoir entendu la lecture de ce rapport et les observations verbales de la Commission, a décidé, sur sa proposition unanime, que la médaille d'honneur en or serait décernée à M. FROC fils, de Berceaux, et que, dans l'impossibilité d'accorder un semblable témoignage de satisfaction à M. Duclos, de Lieusaint, il serait donné à ses efforts persévérans la mention la plus honorable.

Les Présidens, Vicomte **DE GERMINY,**
BULLOT,
Marquis **DE PRASLIN.**
PRÉVOST, *Secrétaire.*

www.ingramcontent.com/pod-product-compliance
Ingram Content Group UK Ltd.
Pitfield, Milton Keynes, MK11 3LW, UK
UKHW022149260726
13993UKWH00005B/2250

9 782329 092737